BEI GRIN MACHT SICH IHR WISSEN BEZAHLT

- Wir veröffentlichen Ihre Hausarbeit,
  Bachelor- und Masterarbeit

- Ihr eigenes eBook und Buch -
  weltweit in allen wichtigen Shops

- Verdienen Sie an jedem Verkauf

Jetzt bei www.GRIN.com hochladen
und kostenlos publizieren

Marc Schweizer

Freier Welthandel durch GATT und WTO und die Herausbildung neuer Formen der wirtschaftlichen Integration von Staaten

GRIN Verlag

Bibliografische Information der Deutschen Nationalbibliothek:

Die Deutsche Bibliothek verzeichnet diese Publikation in der Deutschen National-
bibliografie; detaillierte bibliografische Daten sind im Internet über http://dnb.d-
nb.de/ abrufbar.

Impressum:

Copyright © 2004 GRIN Verlag GmbH
Druck und Bindung: Books on Demand GmbH, Norderstedt Germany
ISBN: 978-3-638-77858-9

Dieses Buch bei GRIN:

http://www.grin.com/de/e-book/32743/freier-welthandel-durch-gatt-und-wto-und-
die-herausbildung-neuer-formen

GRIN - Your knowledge has value

Der GRIN Verlag publiziert seit 1998 wissenschaftliche Arbeiten von Studenten, Hochschullehrern und anderen Akademikern als eBook und gedrucktes Buch. Die Verlagswebsite www.grin.com ist die ideale Plattform zur Veröffentlichung von Hausarbeiten, Abschlussarbeiten, wissenschaftlichen Aufsätzen, Dissertationen und Fachbüchern.

Besuchen Sie uns im Internet:

http://www.grin.com/

http://www.facebook.com/grincom

http://www.twitter.com/grin_com

Johann-Wolfgang-Goethe
Universität

Wirtschaftsgeographie 3

Freier Welthandel durch GATT und WTO
und die Herausbildung neuer Formen
der wirtschaftlichen Integration von Staaten

Seminararbeit

Institut für Wirtschafts- und Sozialgeographie

Verfasser:
Marc Schweizer

Gliederung

1   Einleitung

Seit seiner Gründung hat sich die Zahl der Mitglieder von GATT bzw. WTO stetig erhöht. Gleichzeitig partizipieren fast alle Mitgliedsstaaten der WTO an regio-nalen Bündnissen. Diese Tendenzen scheinen sich auf den ersten Blick zu widersprechen. Während das GATT den freien, liberalisierten Welthandel zum Ziel hat, werden bei regionalen Integrationsabkommen Handelsschranken nur gegenüber den Partner-ländern abgebaut, gegenüber Drittstaaten jedoch auf-recht erhalten.

Diese Arbeit versucht zu klären, wie diese beiden Entwicklungen miteinander verein-bar sind. Hierzu wird zunächst die Theorie des Freihandels kurz darge-stellt, an-schließend die Grundsätze und die Entwicklung von GATT und WTO aufgezeigt. Im Anschluss daran wird auf die unterschiedlichen Ausprägungs-formen der regionalen Integrationsabkommen eingegangen und die Folgen des Regionalismus für die au-ßen vor bleibenden Drittstaaten dargelegt. Im achten Kapitel wird gezeigt, wie die regionale Integration die Entwicklung des Welt-handels in den letzten Jahrzehnten beeinflusst hat, bevor ein kurzes Fazit die Arbeit abschließt.

2   Theorie des Freihandels

Bereits zu Beginn des 19. Jahrhunderts wies David Ricardo nach, dass sich der Wohlstand zweier Länder maximieren lässt, indem sich jedes Land auf die Produkti-on derjenigen Güter spezialisiert, bei denen es über relative Kostenvor-teile verfügt. Eine Spezialisierung ist somit auch dann sinnvoll ist, wenn ein Land sämtliche Pro-dukte günstiger als sein Handelspartner herstellen kann, jedoch über unterschiedlich große Effizienzvorsprünge verfügt. Dies lässt sich an folgendem Beispiel verdeutli-chen: Land A benötigt zur Produktion von einer Einheit Tuch 100 Arbeitskräfte und für die Produktion von Wein 120 Arbeits-kräfte, Land B stellt dieselben Mengen mit 90 (Tuch) bzw. 80 Arbeitskräften (Wein) her. Substituiert Land A seine Weinprodukti-on nun durch Importe aus Land B, müssen in diesem 80 Arbeitskräfte aus der Tuch-produktion abgezogen werden, um die gestiegene Weinnachfrage bedienen zu kön-nen. Das nicht produzierte Tuch muss Land B nun seinerseits aus Land A beziehen, um den Eigenbedarf zu decken. Obwohl die Menge an produzierten Gütern gleich ge-blieben ist, wurden durch diese Umschichtung in Land A 20, in Land B 10 Arbeitskräfte frei, die nun wohlstandsmehrend zusätzliche Güter produzieren können.[1]

Diese Argumentation der klassischen Außenhandelstheorie begründet lediglich den Handel zwischen unterschiedlich hoch entwickelten Ländern. Aber auch innerhalb der industrialisierten Welt erweist sich Handel als vorteilhaft, da so Massenproduktionsvorteile, Spezialisierungen, internationaler Technologietrans-fer und aufgrund des verstärkten Wettbewerbs ein ständiger Zwang zu techni-scher Innovation gefördert werden.[2] Die Ansicht, dass Freihandel die globale Wohlfahrt steigert, ist in der Wissenschaft unumstritten, wird jedoch von Seiten der Globalisierungsgegner stark angezweifelt.

3 GATT und WTO

Das General Agreement on Tariffs and Trade, kurz GATT genannt, wurde im Oktober 1947 verabschiedet und war ursprünglich nur als Übergangslösung für eine sich bereits in Planung befindende internationale Handelsorganisation vor-gesehen. Das Scheitern der Verhandlungen über diese Einrichtung führte jedoch dazu, dass das Provisorium GATT annähernd 50 Jahre, bis zur Gründung der WTO im Jahr 1995 Bestand hatte, um dann in der Welthandelsorganisation aufzugehen.[3] Die wesentlichen Prinzipien des GATT wurden von der WTO ohne größere Änderungen übernommen.

Inhalt des GATT sind Bestimmungen, die den Handel zwischen den Unterzeichnerstaaten untereinander, sowie Drittstaaten regeln. Die wesentlichen Grundsätze hierbei sind:[4]

- Liberalisierung des Welthandels, d.h. es wird ein kontinuierlicher Abbau von Handelshemmnissen angestrebt.
- Nichtdiskriminierung, auch bekannt als Meistbegünstigtenklausel. Gewährt ein Land einem anderen WTO-Mitglied Vergünstigungen, Son-derrechte oder Be-

---

[1] Vgl.: Weiß, W.; Herrmann, C.: „Welthandelsrecht", S. 10, Verlag C.H.Beck, München, 2003
[2] vgl.: Blank, J.; Clausen, H.; Wacker, H.: Internationale ökonomische Integration, S. 1 f.
[3] vgl.: Beise, M.: „Die Welthandelsorganisation (WTO)", S. 34 ff.
[4] vgl.: Skala, M.: „Südostasien im Globalisierungsprozess, S. 10 f.

freiungen, so sind diese automatisch auch allen übrigen Mitgliedsstaaten zu gewähren. Das Meistbegünstigungsprinzip sieht aus realpolitischen Gründen jedoch zahlreiche Ausnahmeregelungen vor, so dass seine Wirkung erheblich begrenzt wird. Daneben verlangt die Nicht-diskriminierung auch die Inländergleichbehandlung, d.h. heimische Pro-dukte dürfen gegenüber Importen nicht bevorzugt oder geschützt werden, und ausländischen Bürgern sind (insbesondere bezogen auf deren Ge-schäftstätigkeit) dieselben Rechte einzuräumen wie den Einwohnern des Landes. Ausgenommen von diesen Verpflichtungen sind jedoch die Entwicklungsländer.

- Reziprozität bedeutet, dass eine erhaltene Vergünstigung zurückgewährt werden muss. Dieses Prinzip der Gegenseitigkeit bedeutet somit, dass ein Land, das von einem Handelspartner Vorteile eingeräumt bekommt, diese ersterem ebenfalls einzuräumen hat. Auch von dieser Vorschrift wurden die Entwicklungsländer befreit.

Neben diesen Hauptpunkten existiert weiterhin das Prinzip der Minimierung von Handelseingriffen, dass nichttarifäre Handelshemmnisse[5] verbietet und eine Konzentration auf Zölle zur Abschottung gegenüber anderen Staaten vorsieht. Im ursprünglichen GATT-Abkommen von 1947 war außerdem der Grundsatz der gewaltlosen Konfliktbeilegung verankert.[6]

Diese Richtlinien verbieten jedoch automatisch auch regionale Integrationsbündnisse, da diese Reziprozität und Meistbegünstigung auf einen engen, ausgewählten Kreis an Teilnehmerstaaten begrenzen. Regionalismus ist jedoch ein reales Phänomen, das nicht zu ignorieren ist. Daher wurde eine Reihe von Ausnahmeregelungen geschaffen, so dass auch regionale Integrationsabkommen mit dem Welthandelsrecht vereinbar sind.[7]

Zu Beginn des Jahres 1995 nahm die WTO ihre Arbeit auf. Neben dem GATT dienen das Abkommen über den Handel mit Dienstleistungen (GATS) sowie das Abkommen

---

[5] Es wird zwischen tarifären und nichttarifären Handelshemmnissen unterschieden. Unter ersteren versteht man insbesondere Importzölle, letztere umfassen Erschwernisse unterschiedlicher Art, wie z.B. besondere technische Standardanforderungen, Einfuhrlizenzen, bürokratische Genehmigungsverfahren, usw.

[6] vgl.: Beise, M.: ebd. S. 49

[7] vgl.: Beise, M.: „Die Welthandelsorganisation (WTO)", S. 98

über handelsrelevante Aspekte geistigen Eigentums (TRIPS) als Vertragsgrundlage. Die WTO umfasst derzeit 148 Mitgliedsstaaten.[8]

4 Regionalismus

Parallel zum Freihandel erlebten in den letzten Jahren und Jahrzehnten auch regionale Integrationsbündnisse einen rasanten Aufschwung. Wirtschaftliche Integrationszonen können sich jedoch erheblich voneinander unterscheiden, was die Tiefe ihrer Integrationsbestrebungen angeht. Im Folgenden sollen die verschie-denen Verschmelzungsniveaus erklärt und voneinander abgegrenzt werden.

Präferenzzone:[9]
Die Präferenzzone ist die schwächstmögliche Ausprägungsform wirtschaftlicher h-tegration. Für eine beschränkte Anzahl bestimmter Güter werden zwischen zwei oder mehreren Staaten die Zollschranken teilweise oder ganz aufgehoben.

Freihandelszone: [10]
In der Freihandelszone werden tarifäre und nichttarifäre Handelshemmnisse für sämtliche Güter abgebaut. Trotz des liberalisierten Handels innerhalb des Integrationsraumes behalten die einzelnen Staaten eine individuelle Außenhandelspolitik gegenüber Drittländern bei. Um zu verhindern, dass Unternehmen den Staat mit dem niedrigsten Zollsatz als Eintrittsland in den gesamten Integrations-raum nutzen, indem sie ihre Produkte aus diesem Importland heraus weiter vertreiben, wird eine Ursprungsregelung benötigt. Diese schreibt vor, wie viel Prozent der Wertschöpfung innerhalb des Integrationsgebietes erfolgen muss, damit ein Produkt von der Zollfreiheit profitieren kann. Bekanntestes Beispiel für eine Freihandelszone ist die NAFTA.

---

[8] vgl.: www.wto.org
[9] vgl.: Blank, J.; Clausen, H.; Wacker, H.: „Internationale ökonomische Integration", S. 32
[10] vgl.: Skala, M.: „Literatur für die Eingangsklausur des Proseminars Regionen der Weltwirtschaft", S. 7, SS 2004

Zollunion: [11]

Das Problem der Ursprungsregelung wird in der Zollunion beseitigt, indem gemein-same Zolltarife mit Drittländern vereinbart werden. Dafür ist es erfor-derlich, dass die Mitgliedsstaaten nationale Souveränität abgeben und supra-nationale Gremien ein-gerichtet werden.

Gemeinsamer Markt: [12]

Von einem gemeinsamen Markt spricht man, wenn zusätzlich zum liberalisierten Gü-terverkehr auch den Produktionsfaktoren Arbeit und Kapital uneingeschränkte Mobili-tät eingeräumt wird. Hierzu zählen die Niederlassungsfreiheit für Unter-nehmen, frei-er Kapitalverkehr sowie Freizügigkeit für Arbeitskräfte.

Wirtschaftsunion: [13]

Als direkte Folge des gemeinsamen Marktes ist es häufig erforderlich, Steuer-, Wirt-schafts- und Fiskalpolitik zu vereinheitlichen. Hiermit wird die Schaffung ein-heitlicher ökonomischer Verhältnisse angestrebt, so dass das gesamte Integra-tionsgebiet ü-ber die Grenzen der einzelnen Staaten hinweg einem Binnenmarkt entspricht.

Währungsunion: [14]

Die Einrichtung einer Währungsunion wie beispielsweise in der EU, geht einher mit der Abschaffung der bisherigen, nationalen Währungen und der Einrichtung einer supranationalen Zentralbank. Eine landesspezifische Geldpolitik ist nicht mehr mög-lich.

Politische Union: [15]

Die höchstmögliche Verschmelzungsstufe stellt die Politische Union dar. Hierbei fusi-onieren ein oder mehrere Staaten vollständig, d.h. sie geben ihre nationale Souverä-nität auf und ein neues Land entsteht.

---

[11] vgl.: Skala, M.: ebd. S. 7
[12] vgl.: Blank, J.; Clausen, H.; Wacker, H.: Internationale ökonomische Integration, S. 33
[13] vgl.: Kaiser ; C.: „Regionale Integration und das globale Handelssystem", S. 28
[14] vgl.: Skala, M.: „Literatur für die Eingangsklausur des Proseminars Regionen der Weltwirtschaft", S. 8, SS 2004
[15] vgl.: Blank, J. et al.: ebd. S. 34

5 Gründe für Regionalismus

Wie gezeigt wurde, lässt sich die weltweite Wohlfahrt durch Freihandel maximieren, auch existiert mit der WTO eine supranationale Organisation, die das Ziel des Freihandels vorantreibt. Dennoch ist Regionalismus ein reales Phänomen. Seit Beginn der 90er Jahre wurden zahlreiche neue Integrations-abkommen geschlossen, so dass heute eine ganze Reihe an Integrations-gruppierungen existiert (Tabelle 1). Es stellt sich somit die Frage, welche Motive für die Verfolgung einer regionalen Strategie sprechen.

Bezeichnung	Gründung	Bemerkung
EU	1952 (EGKS) / 1958 (EWG) / 1993	Europäische Union
CEFTA	1992	Central European Free Trade Area
EFTA	1960	European Free Trade Area
EWR	1993	Europäischer Wirtschaftsraum
NAFTA	1989 (CUFTA) / 1993	North American Free Trade Agreement
MERCOSUR	1991	Zollunion zwischen fünf südamerikanischen Staaten
CARICOM	1973	Caribbean Community and Common Market
ASEAN / AFTA	1967 / 2002	Association of South East Asian Nations / ASEAN Free Trade Area
APEC	1989	Asian Pacific Economic Cooperation
CFA-Zone	1939	Währungsunion in West- und Zentralafrika
SACU	1969	Southern African Custom Union

Tabelle 1: Übersicht über die wichtigsten, aktuellen Integrationsgruppierungen[16]

5.1 Public Choice Ansatz

Der Public-Choice Ansatz geht davon aus, dass der politische Prozess nicht nur von rationalen Motiven sondern, auch durch gesellschaftliche Wünsche und Forderungen sowie durch organisierte Interessengruppen beeinflusst wird.[17] Dies hat zur Folge, dass die Idee, Akteure verfolgten ausschließlich die Maximierung der gesell-

---

[16] übernommen aus: Skala, M.: „Literatur für die Eingangsklausur des Proseminars Regionen der Weltwirtschaft", S. 23, SS 2004
[17] vgl.: Zimmermann, R.: „Regionale Integration und multilaterale Handelsordnung", S. 142

schaftlichen Wohlfahrt, aufgegeben werden muss. Eigennützige Motive wie Macht und individueller Reichtum werden stattdessen in die Analyse miteinbezogen.

In einer Ökonomie stehen sich Lobbyisten importkonkurrierender Firmen und Sektoren (also Bereiche, die aufgrund starker ausländischer Konkurrenz auf Pro-tektion angewiesen sind) und die Interessenvertreter exportkonkurrierender Un-ternehmen (Firmen, die stark exportabhängig sind und daher eine Liberalisierung des Welthandels befürworten) gegenüber.[18] Je nach Gewicht der beiden Interessengruppen werden sich Politiker mehr oder weniger für Freihandel einsetzen. Regionale Integration stellt einen Mittelweg zwischen diesen beiden Position dar, und dient somit als willkommene Möglichkeit, beide Parteien zufrieden zu stellen.

Politiker richten ihr Engagement in diesem Bereich außerdem an politischen Wahlen aus. Lassen sich die Vorteile der Liberalisierung meist nur schwer beobachten und kaum spüren (in erster Linie sind dies niedrigere Preise für die Verbraucher), treten deren Nachteile, wie z.B. der Niedergang unrentabler Industriezweige und der damit einhergehende Arbeitsplatzverlust geballt auf. Durch Einführung protektionistischer Maßnahmen können Politiker sich in ein für sie günstiges Licht stellen (z.B. indem sie damit werben, heimische Arbeitsplätze zu sichern) und ihre Chancen auf Wiederwahl dadurch erheblich steigern.[19]

5.2 Poltisch-strategische Motive

Die Bildung von Handelsblöcken kann für die beteiligten Staaten auch aus politischer Sicht relevant sein. In einem Bündnis zusammengefasste Staaten verfügen durch ihre aggregierte Größe über deutlich mehr Marktmacht und sind nunmehr in der Lage günstigere Konditionen (z.B. niedrigere Zolltarife) gegenüber Drittstaaten auszuhandeln.[20]

---

[18] vgl.: Kaiser, C.: „Regionale Integration und das globale Handelssystem", S. 126
[19] vgl.: Zimmermann, R.: „Regionale Integration und multilaterale Handelsordnung", S. 142 f.
[20] vgl.: Kaiser, C.: „Regionale Integration und das globale Handelssystem", S. 156 f.

Daneben dienen Integrationsbestrebungen auch der politischen Annäherung zwischen Staaten und somit der Stabilisierung und Friedenssicherung einer Region.[21]

5.3 Regionalismus als Mittel zur Transaktionskostensenkung

Da an einem regionalen Integrationsbündnis naturgemäß weniger Staaten beteiligt sind, als an den WTO-Verhandlungen, lassen sich Liberalisierungsfort-schritte auf dieser Ebene deutlich schneller und günstiger erreichen. Auch sind die erzielten Einigungen weitreichender, so dass ein höheres Maß an Handels-liberalisierung erreicht werden kann. Ebenso sinken die Kontrollkosten, da bei einer geringeren Anzahl an Staaten die Einhaltung der festgelegten Standards überprüft werden muss.[22]

6 Folgen der regionalen Integration

Die Liberalisierung des Handels auf einen kleinen, fest definierten Kreis an Staaten zu begrenzen, beeinflusst nicht nur den Handel der Länder des Integrationsgebietes, sondern hat auch Auswirkungen auf Drittstaaten, die als poten-tielle Handelspartner in Frage kämen. Diese Auswirkungen, die ab dem Integra-tionsgrad einer Freihandelszone voll auftreten, beschreibt das von Jacob Viner bereits 1950 entwickelte Modell der Handelsschaffung und Handelsumlenkung, welches im Folgenden anhand der Abbildung 1 erklärt wird.[23]

---

[21] vgl.: Borrmann, A; Fischer, B.; Jungnickel R.; Koopmann, G.; Scharm, H.E.: „Regionalismustendezen im Welthandel", S. 45

[22] vgl.: Kaiser, C.: „Regionale Integration und das globale Handelssystem", S. 159 f.

[23] Blank, J.; Clausen, H.; Wacker, H.: Internationale ökonomische Integration, S. 60 ff.; Skala, M.: „Literatur für die Eingangsklausur des Proseminars Regionen der Weltwirtschaft", S. 8 ff., SS 2004

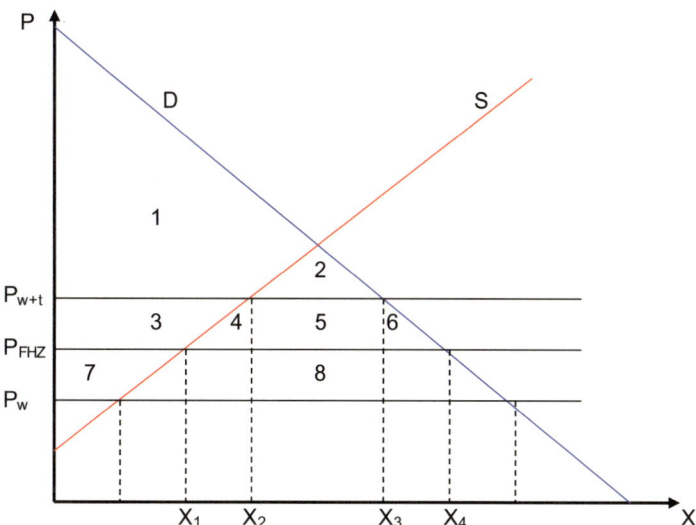

Abb. 1: Grundmodell der Freihandelszone (in Anlehnung an Blank, Clausen, Wacker sowie Skala)

Die Abbildung zeigt die nationale Angebotsfunktion (rot) für ein Gut X, sowie die entsprechende Nachfrage (blau). Der Weltmarktpreis betrage P_w, auf diesen ist ein Importzoll in Höhe von t zu zahlen, so dass der Inlandspreis auf das Niveau P_{w+t} gehievt wird. Bei diesem Preis stellt sich eine Nachfrage nach dem betreffenden Gut in Höhe von X_3 ein. Davon wird die Menge X_2 durch inlän-dische Produzenten bedient, die Differenz zwischen Angebot und Nachfrage wird durch Importe vom Weltmarkt abgedeckt, wodurch für den Staat Zollein-nahmen in Höhe der Flächen 5 + 8 anfallen. Die Konsumentenrente beträgt 1 + 2, der Produzentenrente entsprechen die Flächen 3 und 7.

Durch Gründung einer Freihandelszone wird nun den Partnernationen Zollfreiheit gewährt. Der Preis innerhalb der Freihandelszone betrage P_{FHZ} und liege unter dem bisherigen Level, jedoch oberhalb des Weltmarktniveaus. Durch den gesunkenen Preis reduziert sich die von inländischen Anbietern produzierte Menge auf X_1, die nachgefragte Menge erhöht sich jedoch auf X_4. Die Mengen-differenz zwischen X_1 und X_2, bzw. X_3 und X_4 wird von Produzenten der Freihandelszone übernommen, d.h. die Gründung der Freihandelszone führt zu Handelsschaffung in der entsprechenden Höhe. Dies ist positiv zu bewerten, da so ineffiziente Produktionsmethoden und unrentable Anbieter vom Markt verschwinden.

Daneben kommt es aber auch zu Handelsumlenkung in Höhe von X_2X_3, da diese Menge, die bisher vom Weltmarkt importiert wurde, nun ebenfalls von Produzen-ten der Freihandelszone bezogen wird. Dies hat jedoch genau den gegenteiligen Effekt wie die Handelsschaffung. Der effiziente Weltmarkt wird diskriminiert und stattdessen auf teuere, unrentablere Anbieter der FHZ zurückgegriffen.

Für die Verbraucher stellt die Gründung der Freihandelszone eine Verbesserung dar, da ihre Konsumentenrente nun auf die Flächen 1 bis 6 steigt, allerdings wäre der Zuwachs noch höher bei totaler Liberalisierung des Handels, eine FHZ stellt für Konsumenten somit nur eine Sekond-Best-Lösung dar. Der Staat wiederum verliert seine gesamten Zolleinnahmen. Ob der Regionalismus aus gesamtwirtschaftlicher Sicht positiv ist, hängt davon ab, ob die neu gewonnenen Flächen 4 und 6 die verlorene Fläche 8 überwiegen.

7 Regionalismus als globale Liberalisierungsstrategie?

Da Multilateralismus und Regionalismus parallel existieren, stellt sich die Frage, ob letzterer den Liberalisierungsprozess eher fördert oder stört.

7.1 Expansion regionaler Integrationsräume[24]

Dehnt sich ein regionales Integrationsbündnis mehr und mehr aus und nimmt die Mitgliederzahl damit stetig zu, werden automatisch auch immer weniger Dritt-staaten diskriminiert. Dieser Prozess führt im Extremfall zu einer weltumfassen-den Mitgliedschaft und damit zu totalem Freihandel. Die Entwicklung dieses Prozesses hängt jedoch im Wesentlichen vom Nutzen der Clubmitgliedschaft ab. Nach der von Baldwin entwickelten Domino-Theorie steigen mit Anwachsen des Integrationsbündnisses die Kosten für diejenigen Staaten, die bislang außen vor geblieben sind, da die ex-

---

[24] vgl.: Kaiser, C. : „Regionale Integration und das globale Handelssystem", S. 172 f.

10

portorientierten Unternehmen des Landes nun durch eine größere Anzahl an Mitgliedstaaten diskriminiert werden und damit Nachteile tragen müssen. Dies kann dazu führen, dass auch integrationsunwillige Staaten ihre ablehnende Haltung aufgeben und einem Bündnis beitreten. Die Sogkraft dieses Prozesses kann derart groß werden, dass Regionalismus letztlich im globalen Freihandel endet. Vorraussetzung hierfür ist jedoch, dass ein Bündnis neuen Mitgliedsstaaten offen steht und keinerlei regionale Beitrittsbeschrän-kungen (wie z.b. bei der EU) herrschen.

7.2 Building Blocs

Auch die Vertreter der Building Bloc-Theorie schreiben der regionalen Integration überwiegend positive Aspekte in Bezug auf eine weitergehende Liberalisierung des Welthandels zu, zum einen durch Demonstrationseffekte, zum anderen durch sinkende Transaktionskosten.[25]

Mit Demonstrationseffekten ist gemeint, dass regionale Bündnisse einzelne Liberalisierungsschritte erproben, die dann auf die multilaterale Ebene übertragen und von der WTO übernommen werden können.[26] Das Argument der sinkenden Transaktionskosten zielt insbesondere auf die sich häufig schwierig gestaltenden WTO-Verhandlungen ab. Probleme kommen in erster Linie da-durch zustande, dass eine hohe Anzahl an Einzelstaaten ihre eigenen, indivi-duellen Interessen verfolgen. Treten hingegen die Mitglieder eines Bündnisses geschlossen durch einen Vertreter / eine Delegation dieses Blocks auf, verein-facht sich die Entscheidungsfindung und Kompromisslösungen werden schnel-ler, leichter und damit auch kostengünstiger erreicht.

Daneben sei erwähnt, dass auch Drittstaaten unter Umständen bilaterale Freihandelsabkommen mit Integrationsbündnissen aushandeln können. So strebt Tunesien, das bereits 1995 einen Assoziationsvertrag mit der EU ausgehandelt hat, bis 2008 die vollständige Liberalisierung mit der Europäischen Union an.[27]

---

[25] vgl.: Kaiser, C. : „Regionale Integration und das globale Handelssystem", S. 187 ff.
[26] vgl.: Bergsten, C.F.: „Open Regionalism", S. 548
[27] vgl.: Frankfurter Allgemeine Zeitung: „Warum nicht Tunesien?", FAZ, 28. 10. 2004

7.3 Stumbling Blocs

Im Gegensatz zu den bisherigen Meinungen sehen die Anhänger der Stumbling Bloc-Theorie in der regionalen Integration ein Hindernis für eine weitergehende Liberalisierung des Welthandels. Es wird befürchtet, dass das Engagement zugunsten regionaler Abkommen dazu führt, dass das Interesse der betreffenden Staaten an multilateralen Lösungen schwindet.[28] Daneben besteht die Gefahr, dass innerhalb eines Integrationsraumes die importkonkurrierenden Interessenvertreter die Oberhand gewinnen und durch gezieltes Lobbying eine weitere Liberalisierung verhindern.[29]

8 Die Integrationsräume in den vergangenen Jahrzehnten

Die Bedeutung des Regionalismus hat in den letzten Jahrzehnten deutlich zugenommen. Betrug der intraregionale Handel 1958 noch 40,6 % stieg dieser Wert auf 57,4 % im Jahr 2000 an, insbesondere aufgrund des starken Zuwachses innerhalb der EG / EU.[30] Der Anteil der drei großen Handelsblöcke EU, NAFTA und Ostasien am gesamten Welthandel stieg von 67 % im Jahr 1980 auf über 84% im Jahr 2000.[31] Allerdings muss der Anstieg des intraregionalen Handels nicht unbedingt in direktem Zusammenhang mit Regionalismus stehen. So sprang der intraregionale Handel zwischen den späteren NAFTA-Staaten ohne jegliche Liberalisierungsvereinbarungen zwischen 1980 und 1985 sprunghaft um über zehn Prozentpunkte an. Auch externe Faktoren jenseits der Regionali-sierung spielen folglich eine wichtige Rolle hinsichtlich der Entwicklung von Handelsbeziehungen. Dennoch gilt es als unstrittig, dass regionale Integration zu einer Intensivierung der Handelsbeziehungen führt, besonders deutlich beobachtbar am Beispiel der EU.[32]

---

[28] vgl.: Bergsten, C.F.: „Open Regionalism", S. 547
[29] vgl.: Kaiser, C.: „Regionale Integration und das globale Handelssystem", S. 190
[30] vgl.: Kaiser, C.: „Regionale Integration und das globale Handelssystem", S. 97; Ziltener, Patrick: „Ostasiatische oder pazifische Handelsdynamik? Eine Analyse von UNCTAD-Handelsdaten"
[31] vgl.: Ziltener, Patrick: „Ostasiatische oder pazifische Handelsdynamik? Eine Analyse von UNCTAD-Handelsdaten"
[32] vgl.: Kaiser, C.: „Regionale Integration und das globale Handelssystem", S. 100 f.

9 Fazit

Die Idee des weltweiten Freihandels ist, obwohl wissenschaftlich anerkannt, bislang eine Utopie. Vielmehr ist eine Zunahme der regionalen Bündnisse in den letzten Jahren zu beobachten gewesen. Befürworter der Regionalisierung sehen hierin eine sinnvolle Ergänzung zu den multilateralen Liberalisierungsbe-mühungen, die diese beschleunigen und voranbringen können, die Gegner befürchten hingegen eine Abschottung der einzelnen Integrationszonen. Welche der beiden Seiten Recht behält, hängt zum einen von den Machtverhältnissen beeinflussender Gruppierungen innerhalb der Staaten ab, aber auch von der konstitutionellen Ausgestaltung der Bündnisse in Bezug auf Drittstaaten (z.b. wie offen man für neue Mitglieder ist). Die EU, die mit zahlreichen Ländern der Maghreb-Zone und Osteuropas Assoziationsabkommen geschlossen hat und bereit ist, ihren Markt auch gegenüber Drittstaaten zu öffnen, kann sicherlich als ein positives Beispiel angesehen werden, wie regionale Integration und Liberalisierung vorteilhaft miteinander verknüpft werden können.

Literaturverzeichnis

Beise, M.:
„Die Welthandelsorganisation (WTO)", Nomos Verlagsgesellschaft, Baden-Baden, 2001

Bergsten, C.F.:
„Open Regionalism" in World Economy 20, S. 545-565, 1997

Blank, J.; Clausen, H.; Wacker, H.:
„Internationale ökonomische Integration", Verlag Franz Vahlen, München, 1998

Borrmann, A; Fischer, B.; Jungnickel R.; Koopmann, G.; Scharm, H.E.:
„Regionalismustendezen im Welthandel", Nomos Verlag, Baden-Baden, 1995

Frankfurter Allgemeine Zeitung:
„Warum nicht Tunesien?", 28.10.2004

Kaiser, C.:
„Regionale Integration und das globale Handelssystem", Duncker & Humblot GmbH, Berlin, 2003

Skala, M.:
„Südostasien im Globalisierungsprozess : Entwicklung und Perspektiven der regionalen Integration der ASEAN-Länder", deutscher Universitäts-Verlag, Wiesbaden, 2004

Skala, M.:
„Literatur für die Eingangsklausur des Proseminars Regionen der Weltwirtschaft", S. 8, SS 2004

Weiß, W.; Herrmann, C.:
„Welthandelsrecht" Verlag C.H. Beck, München 2003

WTO:
www.wto.org (besucht am 20.11.2004)

Ziltener, P.:
„Ostasiatische oder pazifische Handelsdynamik? Eine Analyse von UNCTAD-Handelsdaten", Working Paper 02/9 des Max-Planck-Instituts für Gesellschaftsforschung

Zimmermann, R.:
„Regionale Integration und multilaterale Handelsordnung", K. Urlaub GmbH, Bamberg, 1999